AF405097

CATALOGUE

des

COLLECTIONS DE GÉOLOGIE

Professeur **M. Paul LEMOINE**

Fasc. 1 — MÉTÉORITES

par **M. Stanislas MEUNIER**

professeur honoraire

Prix : 3 francs

HENDAYE (B. P.)

Imprimerie de l'Observatoire d'Abbadia

1924

CATALOGUE

des

COLLECTIONS DE GÉOLOGIE

Professeur M. Paul LEMOINE

Fasc. 1 — MÉTÉORITES

par M. Stanislas **MEUNIER**

professeur honoraire

Prix : 3 francs

difficultés qui dans cette branche de la Science, se sont longtemps opposées à ses progrès.

Trompés par de très superficielles apparences, les premiers observateurs ont confondu la chûte des météorites avec les éclats de la foudre, aujourd'hui encore un grand nombre d'astronomes s'obstinent à confondre les météorites avec les étoiles filantes.

Leur erreur n'est pas moins flagrante, et sa cause n'est pas plus mystérieuse: on se laissait prendre au bruit, on se laissait tromper par l'apparition d'un bolide. D'ailleurs, ces observations font ressortir surtout l'utilité de réunir le plus grand nombre possible d'échantillons, pour les comparer entre eux.

Les météorites pénètrent dans notre atmosphère sous l'apparence de ce globe de feu que l'on désigne sous le nom de *bolide* et qui après avoir parcouru une trajectoire plus ou moins étendue, fait explosion avec un bruit formidable et se projette en éclats. Souvent, ces éclats, qui sont les météorites, pénètrent *dans le sol et parfois profondément* comme il est arrivé par exemple aux masses d'Estherville (États-Unis) tombées le 10 mai 1879. Cependant il arrive aussi que leur vitesse en touchant le sol est extraordinairement petite, si bien qu'elles peuvent tomber, sans la briser, sur la glace qui recouvre une pièce d'eau faiblement gelée.

Les personnes qui veulent prendre les météorites au moment de leur chûte en sont empêchées par la haute température de ces pierres; mais la chaleur parait tout à fait cantonnée à la surface, l'intérieur étant au contraire remarquablement froid; on ne peut en citer de plus net exemple que celui de la pierre de Dhurmsalla (Indes) le 14 juillet 1860, dont les fragments, recueillis immédiatement après la chute et tenus dans les mains un instant étaient tellement froids que les doigts en étaient transis. On peut aussi noter que la composition de la météorite charbonneuse d'Orgueil, ne permet pas que l'intérieur de ce corps ait dépassé une température très modérée; cette météorite contient en effet des substances qu'une faible chaleur suffit pour décomposer, et cela même dans le voisinage de la surface.

En comparant le nombre des météorites fournies par une même chute, on observe des différences considérables, comme on en peût juger par les exemples suivants qui ont été pris au hasard: on n'a ramassé qu'une seule masse après les chutes de Lucé (1768), Wold

Cottage (1795), Salles (1798), Apt (1803) Chassigny (1815), Juvinas (1821), Vouillé (1831), Château Renard (1815), Braunau (1847) etc. On en a trouvé deux à Agram (1751), trois à Charsonville (1810), à Saint Mesmin (1866), etc. ; une dizaine à Toulouse (1822), douze environ à Siène (1794), un bien plus grand nombre à Barbotan (1790), à Benarès (1792), à Weston (1807); une centaine à Orgueil (1864); un millier à Knyahinya (1866); trois mille environ à Laigle (1803), peut être encore plus à Pultusk (1868) à Mocs (1882) etc...

Quand on examine des météorites *entières*, c'est-à-dire n'ayant point été brisées depuis leur arrivée sur le sol, on reconnaît que leur forme générale présente le caractère constant d'être essentiellement fragmentaire. C'est toujours un polyèdre plus ou moins irrégulier, dont les arêtes et les angles sont plus ou moins émoussés. Il est très évident, à première vue, que cette forme résulte d'une fracture, et par conséquent que les météorites sont des éclats de corps plus gros. Les surfaces de ces polyèdres ne sont généralemet pas planes. Elles portent presque toujours, et souvent en très grand nombre, de dépressions rappellant grossièrement l'empreinte des doigts sur une pâte molle. La dimension de ces capsules varie beaucoup et le fond des plus grandes est souvent parsemé de dépressions plus petites.

Certaines météorites *entières* pèsent moins de 1 gramme; et d'autres atteignent plusieurs tonnes. Ces derniers sont extrêmement rares, et il y a lieu de s'étonner qu'il ne soit arrivé jamais que des masses après tout, si peu volumineuses. Les deux échantillons les plus gros que possède la Collection du Muséum sont de 620 et de 780 kilogrammes. Ils ont été recueillis, l'une à Caille (Alpes-Maritimes) en 1828, l'autre à Charcas (Mexique) en 1866.

Un caractère constant des météorites, c'est l'existence à leur surface, d'une couche mince de matière en partie vitreuse, qui enveloppe exactement toute la masse. Cette *croûte*, qui constitue comme un vernis plus ou moins brillant, n'est pas d'ordinaire également répartie sur toute la surface des échantillons, et présente des bourrelets et des rides dont la forme a pu, dans certains cas, indiquer la position qu'avait la météorite, en traversant l'air.

Le plus souvent la croûte est noire, tantôt terne et tantôt brillante. Exceptionnellement quelques météorites et spécialement celle de Bishopville (Caroline du Nord) ont une croûte tout à fait blanche.

La collection des météorites du Muséum est exposée dans le meuble situé au milieu de la longueur de la galerie de Géologie. Quelques gros échantillons tels que les fers de Caille, de Charcas et de Pœdernal et la météorite alumineuse de Juvinas sont placés sur des socles indépendants. Dans les vitrines, les roches météoritiques sont classées minéralogiquement.

TABLEAU SYNOPTIQUE

INDIQUANT LA CARACTÈRISTIQUE DES TYPES

CONSERVÉS AU MUSEUM D'HISTOIRE NATURELLE.

SIDÉRITES ou *FERS MÉTÉORIQUES*.

    Homogènes . . . . A

    Hétérogènes . . . . B

LITHOSIDÉRITES, dont la portion métallique constitue
    des fragments anguleux, associés à des fragments
    pierreux C

    une pâte où les acides ne développent pas de figures . D

    où les acides développent un réseau . . . . . . E

LITHITES ou *PIERRES MÉTÉORIQUES*.

    contenant du fer métallique . . . . F

    ne contenant pas de fer métallique . . . . G

A — **Phanéromères** formés d'un métal chimiquement défini et consistant en:

1 seul alliage essentiel. Structure:

- 1° Cubique l'alliage est:
  - 1. L'octibbehine . . . . — 1. **Octibbehite.**
  - 2. La catarinine . . . . — 2. **Catarinite.**
  - 3. La braunine . . . . — 3. **Braunite.**
  - 4. La coahuiline . . . . — 4. **Cohahuilite.**
- 2° Octaédrique; l'alliage est:
  - 5. La kamacite.
    - Formant toute la masse et cristallisée en poutrelles — Courtes . . . . . — 5. **Nelsonite.**
    - Allongées . . . — 6. **Bendégite.**
    - Associée à beaucoup de Schreibersite . . . . — 7. **Arvaïte.**
  - 6. La tuczonite . . . . — 8. **Tuczonite.**

2 alliages essentiels qui sont:

- 1° La tænite et la plessite.
  - Sensiblement seules:
    - Les deux alliages en quantité à peu près égale. . — 9. **Jewellite.**
    - La plessite prépondérante à structure — Noduleuse . . . . — 10. **Madocite.**
    - Lamelleuse écartée. — 11. **Jeknite.**
    - Lamelleuse serrée . — 12. **Dicksonite.**
    - La tænite prépondérante. . . . . — 13. **Tazewellite.**
  - Associées à beaucoup de pyrrhotine. . . . . — 14. **Rocite.**
- 2° La kamacite et la plessite.
  - La kamacite en poutrelles régulières . . . . — 15. **Schwetzite.**
  - La kamacite en poutrelles hachées . . . . — 16. **Lockportite.**
- 3° la tænite et la braunite. . . . . — 17. **Burlingtonite.**

3 alliages essentiels qui sont:

- 1° La kamacite, la tænite et la plessite; les poutrelles de kamacite sont:
  - Longues et régulières. . . . . — 18. **Caillite.**
  - Tuberculeuses. . . . . — 19. **Thundite.**
  - Granuleuses . . . . — 20. **Lenartite.**
  - Courtes et hachées. . . . . — 21. **Agramite.**
- 2° La kamacite, la tænite et la carltonite . . . . — 22. **Carltonite.**

Adelomères formés d'une matière d'apparence homogène sans composition ou forme cristalline définies.

- Riche en nickel . . . . — 23. **Shinglite.**
- Pauvre en nickel,
  - Donnant par les acides un *moiré* fin. . . . . — 24. **Rasgatite.**
  - Donnant par les acides un *moiré* large. . . . . . . — 25. **Nedagollite.**
  - Montrant une structure granulaire . . . . — 26. **Mejillonite.**
  - Montrant une structure vacuolaire. . . . . — 27. **Albacherite.**

B . . . . — 28. **Kendallite.**

(¹) Ce type est considéré par Ward comme dépendant de la catégorie des **Lithosidérites**; mais les deux échantillons que possède le Muséum et qui lui viennent d'Alexandre de Humboldt sont entièrement métalliques.

C   Portion métallique constituant des *fragments* anguleux associés à des fragments pierreux . . . .   29. **Toulite.**

D   Portion métallique constituant une *pâte* où les acides ne développent pas de figures . . . .   30. **Déesite.**

E   Portion métallique constituant un *réseau* dont les filaments sur une section plane sont:

    assez larges pour que les acides y dessinent une figure. La partie pierreuse consiste en

      fragments cristallisès où l'on reconnaît

       l'olivine pure. Ce réseau est de dimension

        uniforme dans toute la météorite . . . .   31. **Pallasite.**

        très inégale suivant les points, et parfois fort épaisse . . . . .   32. **Kiowite.**

       un mélange de bronzite et d'asmanite. . . .   33. **Rittersgrunite.**

      fragments d'une roche complexe, la Dunite . . . .   33. **Atacamaïte.**

    capillaires. La matière pierreuse est associée à des grenailles métalliques souvent grosses et qui sont

      tuberculeuses et souvent soudées entre elles. .   35. **Esthervillite.**

      sphéroïdales et à peu près indépendantes les unes des autres. La partie pierreuse est

       un mélange prépondérant de Péridot et de Pyroxène . . .   36. **Logronite.**

       un mélange prépondérant de Pyroxène et de Plagioklase. . .   37. **Inésite.**

      dépourvue de grenailles métalliques volumineuses . . . .   38. **Lodranite.**

			La bronzite et le péridot; structure très fine.	. . .	39. **Erxlébénite.**
			L'augite et l'enstatite; structure drusique.	. . . .	40. **Sigénite.**
			Le péridot et un silicate vitreux.	. . . . . .	41. **Renazzite.**

Roches monogéniques. Les minéraux essentiels sont:

- Le péridot, la bronzite et l'enstatite; structure...
  - très fine . . . . . . 42. **Aumalite et Lucéite.**
  - oolithique . . . . . 43. **Montréjite et Limérickite.**
  - vacuolaire . . . . . 44. **Richmondite.**
  - granulaire . . . . . 45. **Tieschite.**
- Le péridot, la bronztte, l'enstatite. un silicate noir (fayalite?); structure . . . .
  - uniforme. . . . . . 46. **Tadjérite.**
  - veinée. . . . . . . 47. **Chantonnite.**
  - oolithique; pâte { foncée. . 48. **Strawropolite.** { claire . . 49. **Bélajite.**

Roches polygéniques. Les roches composantes sont:

- La chladnite et la pyroxénite. . . . . 50. **Bustite.**
- La lucéite fondamentale et la limeriekite fragmentaire 51. **Giovanite.**
- La limerickite fondamentale et la lucéite fragmentaire. 52. **Mesminite.**
- La montréjite et la limerickite . . . . 53. **Canellite.**
- L'erxlébénite et la montréjite. . . . . 54. **Banjite.**
- L'aumanite et la chantonnite . . . . 55. **Laiglite.**
- La lucéite, la tadjérite, la chladnite, etc.. . . . . 56. **Parnallite.**

en granules facilement visibles.

F {

en granules indiscernables à l'œil nu. Partie pierreuse formée de

- bronzite . . . . 57. **Chladnite.**
- péridot et bronzite. . . . . 58. **Ornansite.**
- péridot, augite, bronzite et anorthite. . . . . . . 59. **Howardite.**

G { Partie pierreuse formée de

- péridot olivine presque seul. . . . . 60. **Chassignite.**
- anorthite et augite. . . . . 61. **Eukrite.**
- augite et maskelinite . . . . 62. **Shergottite.**
- péridot et bronzite. . . . . 63. **Shalkite.**
- péridot, augite et diamant . . . . 64. **Uréilite.**
- péridot, augite et monticellite. . . . . 65. **Angrite.**
- péridot et substance charbonneuse; structure
  - terreuse. . . . . 66. **Orgueillite.**
  - compacte . . . . 67. **Bokkewelite.**

LISTE DES TYPES DE MÉTÉORITES
AVEC LA MENTION DES CHUTES
REPRÉSENTANT CHACUN D'EUX (¹)
AU MUSÉUM

I. SIDÉRITES.

1ᵉʳ TYPE.

OCTIBBÉITE.

Octibbeha County, 194.
Kokomo-Howard County, 248.

2ᵉ TYPE

CATARINITE.

Sainte Catherine, 358.

3ᵉ TYPE

BRAUNITE.

Ainsworth, 531.
Allen County, 286.
Auburn, 287.
Babb's Mill, 147.
Braunau, 162.
Campo del Pucara, 381.
Cap de Bonne Espérance, 24.
Casa Grande, 389.
Chesterville, 163.
Chili, 280.
Claiborne, 106.
Dacotah, 256.
Fort Duncan, 399.
Hex River, 400.
Lick Creek, 382.
Livingstone, 131.

Murphy, 124.
Nenntmansdorfs, 331.
Plymouth, 419.
Rowton, 354.
Ternera, 479.
Tombigbee, 376.
Salt-River, 174.
Santa Rosa, 175.
Walker, 104.

4ᵉ TYPE

COHAHUILITE.

Cohahuila, 205.

5ᵉ TYPE

NELSONITE.

Marshall County, 212.
Nelson County, 213.
Sao-Juliao de Moreira, 410.
Union County, 198.
Williamette, 541.

6ᵉ TYPE

BENDÉGITE.

Bendego, 57.
Bish Tjube, 457.
Bohumilitz, 102.
Black Mountains, 111.

(¹) Les chiffres qui accompagnent chaque nom représente la place de chaque météorite dans la liste chronologique qui suit.

Brésil (sans localité), 279.
Casey County, 367.
Cosby's Creek, 116.
Kokstadt, 449.
Lexington County, 387.
Mukeropp, 544.
Nejed, 272.
Rosario, 517.
Seelasgen, 166.
Surprise Spings, 527.

7ᵉ TYPE

ARVAÏTE.

Arva, 146.
Beaconsfield, 518.
Brazos, 114.
Cañon Diablo, 477.
Caryford, 151.
Penkarring Rock, 417.
Rincon de Caparosa, 231.
Saint François-County, 258.
Sarepta, 197.
Sevier County, 521.
Waldron Ridge, 447.

8ᵉ TYPE

TUCZONITE.

Tuczon, 159.

9ᵉ TYPE

JEWELLITE.

Lagrange, 242.
Grand-Rapid, 407.
Jevell-Hill, 192

10ᵉ TYPE

MADOCITE.

Madoc, 193.
Magdalena, 511.

11ᵉ TYPE

JEKNITE.

Bates County, 351.
Hassi Iekna, 467.
Victoria West, 250.

12ᵉ TYPE

DICKSONITE.

Charlotte, Dickson Cᵒ, 109.
Hammond, 420.
Lion River, 190.
Putnam, 195.

13ᵉ TYPE

TAZEWELLITE.

Bacubirito Smaloa, 324.
Tazewell, 191.
Werchnedieprowsk, 316.

14ᵉ TYPE

ROCITE.

Bella Roca, 457.
Thurlow, 508.

15ᵉ TYPE

SCHWETZITE.

Colfax, 388.
Descubridora, 16.
El Inca, 527.
Guasernala, 516.
Rhine-Villa 536.
Schwetz, 221.
Werchne-Udinsk, 199.

16ᵉ TYPE

LOCKPORTITE.

Lockport, 73.

Losttown, 302.
Poplar Camp, 370.
Prambanan, 18.

17e TYPE

BURLINGTONITE.

Burlington, 96.
Dellys, 271.
Whooster, 236.

18e TYPE

CAILLITE.

Ainsa-Tucson, 180.
Arlington, 502.
Augustinowka, 487.
Bear-Creek, 278.
Cachiuyal, 341.
Caille, 99.
Caperr, 315.
Carthage, 157.
Charcas, 38.
Coopertown, 241.
Cleveland, 434.
Costilla Peak, 393.
Chupaderos, 3.
Dalton, 369.
Denton, 209.
Hanild-el-Beguel, 460.
El Capitan Range, 497.
Fort-Pierre, 209.
Guorietta Mountains, 415.
Ivanpah, 386.
Joë Wright, 414.
Juncal, 283.
Kenton, 469.

Merceditas, 416.
Nebraska, 230.
Nocolèche, 509.
Oaxaca, 142.
Orange-River, 214.
Oroville, 503.
Puquios, 418.
Rancho de la Pila, 40.
Red River, 66.
Rœbourne, 489.
Ruff's Mountains, 173.
Russel Gulch, 257.
Rutherford, 164.
Sacramento Mounts, 359.
San Angelo, 520.
San Gregorio, 4.
Sainte Geneviève, 462.
Seneca Falls, 176.
Stautnon, 313.
Szyromolotowo, 337.
Toluca, 19.
Tonganoxie, 437.
Toubil, 481.
Trenton, 314.
Williamstown, 485.
Zacatecas, 23.

19e TYPE

THUNDITE.

Franklyn, 282.
Thunda, 436.

20e TYPE

LENARTITE.

Lenarto, 67.

21ᵉ TYPE

AGRAMITE

Agram, 7.
Ashville, 123.
Campbell County, 189.
Elbogen, 1.

22ᵉ TYPE

CARLTONITE

Ballinov, 496.
Carlton, 442.
Laurens County, 434.
Mungindi, 512.

23ᵉ TYPE (*apocryphe*) ([1]).

SHINGLITE

Shingle spring, 312.

24ᵉ TYPE

RASGATITE

Atacama-Bolivie, 229.
N'Goureyma, 530.
Rasgata, 54.
San Francisco del Mezquital, 288.
Siratik, 10.
Turon River, 186.

25ᵉ TYPE

NEDAGOLLITE

Illinois Gulch, 516.
Nedagolla, 317.
Newstead, 97.

26ᵉ TYPE

MÉJILLONITE

Holland's Store, 443.
Méjillones, 345.
Scriba, 107.
Thunder-Bay, 92.

27ᵉ TYPE

ALBACHERITE

Bitburg, 32.

28ᵉ TYPE

KENDALLITE

Kendall, 444.
Mount Joy, 446.

29ᵉ TYPE

LITHOSIDÉRITE

TOULITE

Toula, 158.

30ᵉ TYPE

DEESITE

Deesa, 281.
Hemalga, 129.
Kodaïkanal, 523.

31ᵉ TYPE

PALLASITE

Brahin, 53.
Mount Dyrring, 543.
Finmarken, 540.

[1] El Dorado Californie Nous avons une assez grande plaque de ce fer, qui montre un métal très compact où les acides ne donnent aucune figure. La présence du nickel est douteuse.

Eagle Station, 385
Krasnojarsk, 14.
Pawlodar, 425.

32ᵉ TYPE

KIOWITE

Brenham Kiowa, 433.

33ᵉ TYPE

RITTERSGRUNITE

Rittersgrün, 165.

34ᵉ TYPE

ATACAMAÏTE

Atacama, 31.
Caracoles, 368.
Kamtschatka, 91.

35ᵉ TYPE

ESTHERVILLITE

Estherville, 378.

36ᵉ TYPE

LOGRONITE

Barea (Logrono), 137.
Haïnhotz, 211.
Janacera, 375.
Macquaire River, 222.
Mincy, 223.
Morisstown, 366.
Powder Mill Creck, 448.
Pseudo Mejillones, 409.
Sierra de Chaco, 249.
Tomhannock Creek, 292.

Veramine, 383.

37ᵒ TYPE

INÉSITE

Dona Inès, 458.
Llano del Inca, 460.

38ᵒ TYPE

LODRANITE

Lodran, 298.

LITHITE

39ᵉ TYPE

ERXLEBENITE

Bluff, 374.
Cabarras, 170.
Claywater, 265.
Djati Pengilon, 412.
Ensisheim, 2.
Erxleben, 59.
Estacado, 398.
Ghambat, 516.
Gilgoin station, 467.
Guarena, 483.
Indio Rico, 532.
Kernouve, 308.
Khairpur, 335.
Klein Menow, 246.
Klein Wenden, 140.
Long Island, 479.
Motecka Nugla, 300.
Pillitsfer, 253.
Pipe-Creek, 447.
Marengo, 498.

Saline Touwnslup, 529.

40ᵉ **TYPE**

SIGÈNITE

Ambapur Sikandra, 505.
Beaver-Creek, 493.
Borkut, 184.
Chervettaz, 535.
Daniel's Kuil, 291.
Dolores Hidalgo, 143.
Pokra, 274.
Sigéna, 15.
Trenzano, 208.

41ᵉ **TYPE**

RENAZZITE.

Goalpara, 301.
Grosnaja, 245.
Renazzo, 84.

42ᵉ **TYPE**

AUMALITE - LUCÈITE.

1° AUMALITE.

Apt, 34.
Aumale, 268.
Bath Furnace, 542.
Berlanquillas, 56.
Bori, 484.
Costal de Ganaf, 530.
Dhurmsalla, 240.
Favars, 145.
Fisher, 498.
Girgenti, 187.
Bois de Fontaine, 88.
Cereseto, 128.
Charkow, 21.

Chateau-Renard, 133.
Chartres, 51.
Kesen, 171.
Lundsaur, 462.
Mount-Brown, 539.
Monte Milone, 153.
Mornans, 350.
Nerft, 259.
New Concord, 239.
Oynchimura, 432.
Roche Servère, 134.
Shelburn, 528.
Tourinnes-la-Grosse, 261.
Vérone, 5.
Vouillé, 103.

2° LUCÉITE.

Agra, 81.
Alep, 406.
Alfianello, 402.
Amana, 346.
Angers, 79.
Aumières, 136.
Bachmut, 64.
Buschoff, 252.
Cabezzo de Mayo, 320.
Cape Girardeau, 154.
Castine, 167.
Chandpur, 422.
Dandapur, 372.
Deal, 101.
Dolgowola, 261.
Doralla, 68.
Drake-Creek, 94.
Eichtœdt, 20.
Forsylh, 100.
Galapian, 89.
Grossliebenthal, 392.
Hacienda de Bocas, 37.
High Possil, 36.

Honolulu, 87.

Ibrenbuhren, 319.

Stapicuru, 373bis.

Kakowa, 226.

Kansada, 42.

Karakol, 126.

Kikino, 49.

Killeter, 144.

Kuleschowka, 55.

La Becasse, 377.

Les Ormes, 219.

Leews, 512.

Linn County, 161.

Linum, 196.

Lucé, 12.

Mascombes, 108.

Middlesbrrongh, 390.

Milena, 135.

Minas Geraës, 445.

Mauerkinchen, 13.

Mhow, 93.

Montlivault, 120.

Mourtesl Pank, 200.

Namur, 303.

Nammianthul, 428.

Ness County, 525.

Oviedo, 207.

Pawlograd, 90.

Nanjemoy, 86.

Politz-Gera, 75.

Pricetown, 492.

Rakowka, 373.

Saint Denis Westrem, 203.

San Pedro Springs, 451.

Sanguis Saint Etienne, 296.

Schœnenberg, 155.

Ski, 169.

Uden, 127.

Urba, 403.

Vidin, 341.

Waconda, 332.

Wold Cottage, 27.

Zoborzycy, 70.

Zabrodjé, 492.

Zavid, 514.

Zsadany, 348.

43ᵉ TYPE

MONTRÉJITE ET LIMÉRICKITE.

1° MONTRÉJITE.

Abo, 125.

Alboreto, 11.

Allegan, 527.

Assisi, 430.

Benarès, 30.

Bieberlé, 525.

Borgo San Donino, 45.

Bramudor, 380.

Chandakapur, 119.

Darmstadt, 39.

Decatur, 495.

Gnadenfrei, 379.

Gopalpur, 266.

Harrisson County, 233.

Hessle, 304.

Jhung, 334.

Judesgherry, 353.

Kissy, 524.

Krahenberg, 307.

Laborel, 348.

Little Piney, 122.

Louans, 148.

Mæssing, 35.

Mern, 364.

Misshoff, 477.

Montignac, 168.

Montrejeau, 227.

2° LIMERICKITE.

44ᵉ TYPE

RICHMONDITE

45ᵉ TYPE

TIESCHITE

46ᵉ TYPE

TADJÉRITE

47ᵉ TYPE

CHANTONNITE

Doroninsk, 41.
Danville, 297.
Frorest-City, 470.
Fruttehpore, 83.
Hungen, 362.
Lalitpur, 439.
Lançon, 513.
Lixna, 77.
Luponnas, 9.
Madrid, 509.
Mayence, 185.
Mexico, 234.
Mocs, 395.
Murcie, 228.
Nullès, 178.
Pacula, 391.
Pultusk, 289.
Salles, 29.
Shytal, 254.
Stalldalen, 356.
Trinity, 427.

48ᵉ TYPE

STAWROPOLITE

Authon, 328.
Indarkh, 475.
Félix, 529.
Stawropol, 216.

49ᵉ TYPE

BÉLAJITE

Belaja-Zerkwa, 28.
Macao, 113.
San Emigdio Range, 449.
Segowlle, 188.

50ᵉ TYPE

BUSTITE

Aubres, 112.
Busti, 183.

51ᵉ TYPE

GIOVANNITE

San Giovanni d'Asso, 25.

52ᵉ TYPE

MESMINITE

Bandong, 323.
Cangas de Onis, 277.
Mouza-Koorna, 264.
Saint Mesmin, 275.
Vavilovka, 355.

53ᵉ TYPE

CANELLITE

Assam, 156.
Blansko, 103.
Castallia, 340.
Gutersloh, 177.
Feid-Chair, 349.
Heredia, 217.
Khetree, 284.
Kerillis, 342.
La Baffe, 82.
N'Gawie, 304.
Pirthalla, 411.
Taborg, 440.
Villanova de Sitjes (Canellas),
    243.

54ᵉ TYPE

BANJITE

Soko Banja, 329.
Jelica, 465.
Manbhoom, 255.

55ᵉ TYPE

LAIGLITE

Aldsworth, 110.
Barbotan, 22.
Knyahinya, 276.
Laigle, 33.
Quinçay, 179.

56ᵉ TYPE

PARNALLITE

Bishumpur, 504.
Clohars, 80.
Cynthiana, 36.
Finmarken, 540.
Mezo-Madaras, 182.
Midt Vaage, 413.
Parnallee, 215.
Salt-Lake City, 311.
Serès, 71.

57ᵉ TYPE

CHALDNITE

Bishopville, 138.

58ᵉ TYPE

ORNANSITE

Ornans, 295.

Warenton, 360.

59ᵉ TYPE

HOWARDITE

Bialystock, 95.
Franckfort, 299.
Le Teilleul, 150.
Luotalaks, 63.
Ouodzée, 363.
Pavlowka, 397.
Petersburgh, 204.

60ᵉ TYPE

CHASSIGNITE

Chassigny, 69.

61ᵉ TYPE

EUKRITE

Adalia, 405.
Jonzac, 74.
Juvinas, 78.
Stannevrn, 46.

62ᵉ TYPE

SHERGOTTITE

Shergotty, 266.

63ᵉ TYPE

SHALKITE

Roda, 325.
Shalka, 172.

64e TYPE

UREILITE

Nowo-Urei, 430.

65e TYPE

ANGRITE

Angra dos Reis, 305.

66^e TYPE

ORGUEILLITE

Alais, 42.

Orgueil, 260.

67e TYPE

BOKKEVELITE

Cold-Bokkewelt, 121.
Kaba-Debreczin, 248.
Nagaya, 384.
'Mighei, 464.

LISTE CHRONOLOGIQUE DES MÉTÉORITES
DE LA COLLECTION DU MUSÉUM.

1 — **Elbogen**, Bohême — avant 1400 — $0^k,059$ — *Agramite.*

2 — **Ensisheim**, Colmar, Alsace — 7 nov. 1492 — 9,074. — *Erxlébénite.*

3 .— **Chupaderos**, Jimenes, Chihuahua, Mexique — 1581 — 0,450 — *Caillite.*

4 — **San Gregorio**, Morito, Mexique — vers 1600. — 0,048 — *Caillite.*

5 — **Vérone**, Trignano, Vago, Caldeiro, Italie — 21 juin 1668 — 0,009 — *Aumalite.*

6 — **Ogi**, Koshiro, Hizen, Japon — 1730 (env.) — 0,040 — *Montréjite.*

7 — **Agram**, Hraschina, Croatie — 26 mai 1751 — 0,003 — *Agramite.*

8 — **Tabor**, Plan, Krawin, Strkow, Bohême — 3 juillet 1753 — 0,105 — *Limerickite.*

9 — **Luponnas**, Pont-de-Vesle, Bourg, Ain, France — 7 Sept. 1753 — 0,065 — *Chantonnite.*

10 — **Siratik**, Bambouk, Sénégal — 1763 — 0,024 — *Rasgatite.*

11 — **Alboreto**, Modène, Italie — Juillet 1766 — 0,004 — *Montréjite.*

12 — **Lucé**, Sarthe, France — 13 sept. 1768 — 0,001 — *Lucéite.*

13 — **Mauerkirchen**, Bavière (anciennement Autriche) — 20 nov. 1768 — 0,197 — *Lucéite.*

14 — **Krasnojarsk**, Medwedewa, Abakansk, Sibérie — 1772 — 0,920 — *Pallasite.*

15 — **Sena**, Sigena, Aragon, Espagne — 17 nov. 1773 — 0,058 — *Sigénite.*

16 — **Descubridora**, Catorze, Mexique — 1780 — 0,070 — *Schwetzite.*

17 — **Campo Del Cielo**, Tucuman, Otumpa, Républ. Argentine — 1783 — 2,270 — *Rasgatite.*

18 — **Prambanan**, Sokrakarta, Java — 1784 — 0,002 — *Lockportite.*

19 — **Toluca**, Xiquipilco, Mexique — 1784 — 1,475 — *Caillite.*

20 — **Eichtædt**, Wittmes, Franken, Bavière — 19 fév. 1785 —

0,010 — *Lucéite.*

21 — **Jigalowka**, Bobrik, Sum, Lebedin, Achtyrk, Charkow, Russie — 13 oct. 1787 — 0,001 — *Aumalite.*

22 — **Barbotan**, Gers, France — 24 juillet 1790 — 0,254 — *Laiglite.*

23 — **Zacatecas**, Mexique — 1792 — 1,050 — *Caillite.*

24 — **Cap De Bonne Espérance** — Afrique australe — 1793 — 0,193 — *Braunite.*

25 — **San Giovanni d'Asso**, Cesema, Pienza, Lucignano, Sienne, Toscane, Italie — 16 juin 1794 — 0,116 — *Giovannite.*

26 — **Mulletiwu**, prov. de Carnavelpattu, Ceylan — 13 avril 1795 — 0,025 — *Montréjite.*

27 — **Wold Cottage**, Great-Driffield, Yorkshire, Angleterre — 13 déc. 1795 — 0,106 — *Lucéite.*

28 — **Belaja-Zerkwa**, Kiew Russie — 4 janvier 1796 — 0,080 — *Belagite.*

29 — **Salles**, Villefranche, Lyon, Rhône, France — 12 mars 1798 — 1,540 — *Chantonnite.*

30. — **Bénarès**, Krakhut, Jounpoor, Goomty, Bengale, Indes anglaises — 19 déc. 1798 — 0,014 — *Montréjite.*

31 — **Imilac**, Atacama, Chili — (1801 env.) — 3,000 — *Atacamaïte.*

32 — **Bitburg**, Prusse Rhénane — 1802 — 0,384 — *Albachérite.*

33 — **Laigle** (la Vassolerie, les Aulnées, la Barne Bois-la-Ville, Mesle, les Guillemins, la Marcelière, Saint-Nicolas-de-Sommaire, Saint-Pierre-de-Sommaire, Bas-Verne, Fontenil. Orne, France — 26 avril 1803 — 6,170 — *Laiglite.*

34 — **Apt**, Saurette, Vaucluse, France — 8 oct. 1803 — 1,000 — *Aumalite.*

35 — **Mæssing**, Saint-Nicolas, Eggenfeld, Bavière — 13 déc. 1803 — 0,022 — *Montréjite.*

36 — **High-Possil**, Glasgow, Ecosse — 5 avril 1804 — 0,001 — *Lucéite.*

37 — **Hacienda De Bocas**, San Luis Potosi, Mexique — 24 déc. 1804 — 0,009 — *Lucéite.*

38 — **Charcas**, San-Luis Potosi, Mexique — 1804 — 780,000 — *Caillite.*

39 — **Darmstadt**, Hesse, Allemagne — 1804 — 0,025 — *Montréjite.*

40 — **Rancho de la Pila**, Cacaria, Durango, Mexique — 1804 — 0,017 — *Caillite.*

41 — **Doroninsk**, Yrkoutsk, Sibérie — 25 mars 1805 — 0,001 —

Chantonnite.

42 — **Alais**, Gard, France — 15 mars 1806 — 0,099 — *Orgueil-lite.*

43 — **Timoschin**, Jucknow, Smolensk, Russie — 13 mars 1807 — 0,025 — *Montréjite.*

44 — **Weston**, Fairfield, Hartfort, Connecticut, États-Unis — 14 déc. 1807 — 0,017 — *Limerickite.*

45 — **Borgo San Donino**, Pieve di Casignano, Parme, Italie — — 19 avril 1808 — 0,428 — *Montréjite.*

46 — **Stannern**, Langenspiernitz, Iglau, Moravie, Autriche — 22 mai 1808 — 0,538 — *Eukrite.*

47 — **Lissa**, Stratow, Wustra, Bunzlau, Bohême — 3 sept. 1808 — 0,330 — *Lucéite.*

48 — **Niakornak**, Groënlad — 1808 — 0,064 — *Peut être terrestre.*

49 — **Kikino**, Wiasma, Kaluga, Smolensk, Russie — 1809 — 0,005 — *Lucéite.*

50 — **Moorefort**, Tiperary, Irlande — Août 1810 — 0,025 — *Li-merickite.*

51 — **Chartres**, Eure-et-Loir, France — Sept. 1810 — 0,005 — *Au-malite.*

52 — **Charsonville**, Orléans, Loiret — 23 nov. 1810 — 2,000 — *Chantonnite.*

53 — **Brahin**, Minsk, Russie — 1810 — 0,135 — *Pallasite.*

54 — **Rasgata**, Tocavita, Bogota, Colombie — 1810 — 0,450 — *Rasgatite.*

55 — **Kuleschowka**, Romen, Poltawa, Russie — 12 mars 1811 — 0,012 — *Lucéite.*

56 — **Berlanguillas**, Burgos, Castille, Espagne — 8 juil. 1811 — 1,000 — *Aumalite.*

57 — **Bendego**, Bahia, Brésil — 1811 — 0,575 — *Bendégite.*

58 — **Toulouse**, Haute-Garonne, France — 10 avril 1812 — 0,121 — *Limerickite.*

59 — **Erxleben**, Helmstadt, Magdebourg, Prusse — 15 avril 1812 — 0,008 — *Erxlébénite.*

60 — **Chantonnay**, Vendée, France — 5 août 1812 — 1,330 — *Chantonnite.*

61 — **Borodino**, Moscou, Russie — 5 sept. 1812 — 0,002 — *Chan-tonnite.*

62 — **Limerick**, Adare, Irlande — 10 sept. 1813 — 0,143 — *Li-*

merickite.

63 — **Luotalaks**, Frederikshavn, Wiborg, Finlande — 13 déc. 1843 — 0,012 — *Howardite.*

64 — **Bachmut**, Alexejewka, Ekaterinoslaw, Russie — 15 fév. 1814 — 0,051 — *Lucéite.*

65 — **Agen**, Lot-et-Garonne, France — 5 sept. 1814 — 3,977 — *Chantonnite.*

66 — **Croos-Timber**, Red River, Texas — 1814 — 0,025 — *Caillite.*

67 — **Lenarto**, Saros, Hongrie — 1814 — 0,116 — *Lenartite.*

68 — **Doralla**, Patyalla Raja, Umballa, Pundjab, Indes — 18 fév. 1815 — 0,003 — *Lucéite.*

69 — **Chassigny**, Langres, Haute-Marne, France — 3 oct. 1815 — 0,374 — *Howardite.*

70 — **Zaborzycy**, Czartorya, Nowgrad-Wokynskoï, Zitomir, Staro-Konstantino, Volhynie, Russie — 10 avril 1818 — 0,035 — *Lucéite.*

71 — **Serès** Macédoine, Turquie — 18 Juin 1818 — 0,001 — *Parnallite.*

72 — **Slobodka**, Juchnow, Smolensk, Russie — 10 août 1818 — 0,049 — *Montréjite.*

73 — **Lockport**, Cambria, Niagara C°, New-York — 1818 — 0,160 — *Lockportite.*

74 — **Jonzac**, Barbezieux, Charente-Inférieure, France — 13 juin 1819 — 0,186 — *Eukrite.*

75 — **Politz**, Gera, Köstritz, Reuss, Allemagne — 13 oct. 1819 — 0,007 — *Lucéite.*

76 — **Burlington**, Otsego C°, New-York — 1819 — 0,072 — *Burlingtonite.*

77 — **Lixna**, Lasdany, Dunaburg, Witebsk, Livonie, Russie — 12 juil. 1820 — 0,070 — *Chantonnite.*

78 — **Juvinas**, Libonnès, Entraigues, Ardèche, France — 15 juin 1821 — 42,000 — *Eukrite.*

79 — **Angers**, Le Chaumineau, Maine-et-Loire, France — 3 juin 1822 — 0,077 — *Lucéite.*

80 — **Clohars**, Fouesnant, Quimper, Finistère — 21 juin 1822 — 0,006 — *Parnallite.*

81 — **Agra**, Kadonah, Doab, Indes — 7 août 1822 — 0,001 — *Lucéite.*

82 — **La Baffe**, Epinal, Vosges, France — 13 sept. 1822 — 0,215 —

Canellite.

83 — **Futtehpore**, Allahabad, Indes — 30 nov. 1822 — 0,065 — *Chantonnite.*

84 — **Renazzo**, Cento, Ferrare, Italie — 15 janv. 1824 — 0,095 — *Renazzite.*

85 — **Zebrak**, Praskolès, Horzowitz, Beraun, Bohême (Autriche) 14 oct. 1824 — 0,001 — *Lucéite.*

86 — **Nanjemoy**, Charles County, Port Tobacco, Annapolis, Maryland, Etats-Unis — 10 fév. 1825 — 0,003 — *Lucéite.*

87 — **Honolulu**, Owahu, Océanie — 14 sept. 1825 — 0,012 — *Lucéite.*

88 — **Bois-de-Fontaine**, Meung, Loiret, — 1825 — 0,021 — *Aumalite.*

89 — **Galapian**, Agen, Lot-et-Garonne, France — 19 mai 1826 — 0,045 — *Lucéite.*

90 — **Pawlograd**, Mordvinovka, Berdjansk, Ekaterinoslaw, Russie — 19 mai 1826 — 0,118 — *Lucéite.*

91 — **Kamtschatka**, Sibérie — 1826 — 0,013 — *Atacamaïte*

92 — **Thunder-Bay**, Ontario, Etats-Unis — 1826 — 0,004 — *Méjillonite.*

93 — **Mhow**, Azin-Gesh, Ghazeepore, Benarès, Allahabad, Indes — 16 fév. 1827 — 0,007 — *Lucéite.*

94 — **Drake-Creek**, Summer County, Nashville, Davidson Cᵒ, Tennessee, Etats-Unis — 9 mai 1827 — 0,140 — *Lucéite.*

95 — **Bialystock**, Knasta, Jasly, Russie — 5 oct. 1827 — 0,001 — *Howardite.*

96 — **Groslée**, Belley, Ain — 1827 — 0,002 — *Douteux.*

97 — **Newstead**, Roxburgshire, Ecosse — 1827 — 0,236 — *Nédagollite.*

98 — **Richmond**, Chesterfield Cᵒ, Virginie, Etats-Unis — 4 juin 1828 — 0,010 — *Richmondite.*

99 — **Caille**, Alpes-Maritimes — 1828 — 625,000 — *Caillite.*

100 — **Forsyth**, Monroe, Milledgeville, Géorgie, Etats-Unis — 8 mai 1829 — 0,008 — *Lucéite.*

101 — **Deal**, Longbranch, Monmouth Cᵒ, Freehold, New-Jersey, Etats-Unis — 14 août 1829 — 0,001 — *Lucéite.*

102 — **Bohumilitz**, Prachin, Bohême — 1829 — 1,585 — *Bendégite.*

103 — **Vouillé**, Vienne, France — 13 juil. 1831 — 12,700 — *Aumalite.*

104 — **Walker** Cᵒ, Alabama, — 1832 — 0,062 — *Braunite.*

105 — **Blansko**, Brunner, Kreis, Moravie — 25 nov. 1833 —

    — 0,003 — *Canellite.*

106 — **Claiborne**, Clarke C° (Lime-Creek), Alabama, Etats-Unis — 1834 — 0,013 — *Braunite.*

107 — **Scriba**, Oswego C°, New-York — 1834 — 0,027 — *Méjillonite.*

108 — **Mascombes**, Corrèze, France — 31 janv. 1835 — 0,385 — *Lucéite.*

109 — **Charlotte**, Dickson C°, Tennessee — 1er août 1835 — 0,072 — *Dicksonite.*

110 — **Aldsworth**, Cirencester, Angleterre — 4 août 1835 — 0,011 — *Laiglite.*

111 — **Black Mountains**, Buncombe C°, Caroline du Nord — 1835 — 0,005 — *Bendégite.*

112 — **Aubres**, Nyons, Drôme, France — 14 sept. 1836 — 0,009 — *Bustite.*

113 — **Macao**, Rio Assu, Rio Grande do Norte, Brésil — 2 nov. 1836. — 0,086 — *Bélagite.*

114 — **Brazos**, Wichita, Texas — 1836 — 0,096 — *Arvaïte.*

115 — **Gross-Divina**, Budetin, Trentschin, Hongrie, Autriche — 24 juil. 1837 — 0,260 — *Sigénite.*

116 — **Cosby's Creek**, Cocke C°, Tennessee — 1840 — 0,055 — *Bendégite.*

117 — **Kaee**, Sandee, Hardoï, Oude, Indes Anglaises — 29 janv. 1838 — 0,001 — *Limerickite.*

118 — **Akburpur**, Cawnpore, Saharanpur, Indes anglaises — 18 avril 1838 — 0,021 — *Chantonnite.*

119 — **Chandakapur**, Berar, Indes anglaises — 6 juin 1338 — 0,006 — *Montréjite.*

120 — **Montlivault**, Loir-et-Cher, France — 22 juil. 1838 — 0,515 — *Lucéite.*

121 — **Cold Bokkeveldt**, Cap de Bonne-Espérance, Afrique australe — 13 oct. 1838 — 0,722 — *Bokkevellite.*

122 — **Little Piney**, Pine Bluff, Waynesville, Jefferson City, Pulasky, Missouri, Etats-Unis — 13 fév. 1839 — 0,014 — *Montréjite.*

123 — **Ashville**, Baird's Farm, Buncombe C°, Caroline du Nord 1839 — 0,004 — *Agramite.*

124 — **Murphy**, Cherekee County, Caroline du Nord — 1839 — 0,215 — *Braunite.*

125 — **Abo**, Finlande, Russie — avant 1840 — 0,001 — *Montréjite.*

126 — **Karakol**, Steppes des Kirghises, mer Caspienne, Russie — 27 avril 1840 — 0,001 — *Lucéite.*

127 — **Uden**, Staartje, Vœlkel, Brabant septentrional, Hollande — 12 juin 1840 — 0,001 — *Lucéite*.

128 — **Cereseto**, Casale, Monteferrato, Piémont, Italie — 17 juillet 1840 — 0,003 — *Aumalite*.

129 — **Hemalga**, Tarapaca, Calcahuyao, Chili — 1840 — 0,135 — *Pseudo-Météorite?*

130 — **Petropawlosk**, Mrass, Tomsk, Sibérie — 1840 — 0,012 — *Arvaïte*.

131 — **Smith-Land**, Livingstone, Kentucky — 1840 — 0,075 — *Braunite*.

132 — **Grüneberg**, Seifersholz, Heinrichsau, Silésie, Allemagne — 22 mars 1841 — 0,040 — *Limerickite*.

133 — **Château-Renard**, Montargis, Triguères, Loiret, France — 12 juin 1841 — 1,000 — *Aumalite*.

134 — **Roche-Servière**, Château de Grammont, Saint-Christophe près La Roche-sur-Yon, Vendée — 5 nov. 1841 — 0,011 *Aumalite*.

135 — **Milena**, Pusinsko-Selo, Warasdin, Croatie, Autriche — 26 avril 1842 — 0,010 — *Lucéite*.

136 — **Aumières**, Lozère, France — 4 juin 1842 — 1,374 — *Lucéite*.

137 — **Barea**, Logrono, Espagne — 4 juil. 1842 — 0,025 — *Logronite*.

138 — **Bishopville**, Sumterville, Caroline du Sud, États-Unis — 25 mars 1843 — 0,035 — *Chladnite*.

139 — **Utrecht**, Blaauw-Kapel, Lœwœnkoutze, Hollande — 2 juin 1843 — 0,024 — *Montréjite*.

140 — **Klein-Wenden**, Munschenlohra, Nordhausen, Bleicherode, Erfurth, Thuringe, Allemagne — 16 sept. 1843 — 0,003 — *Erxlébénite*.

141 — **Werchne-Tschiskaja-Stanitza**, Don, Russie — 12 nov. 1843 — 0,015 — *Limerickite*.

142 — **Oaxaca**, Mexique — 1843 — 0,087 — *Caillite*.

143 — **Dolorès Hidalgo**, Cerro-Cosina, San-Miguel, Guanaxuato, Mexique — 11 janv. 1844 — 0,130 — *Sigénite*.

144 — **Killeter**, Castledery, Tyrone, Irlande — 9 avril 1844 — 0,001 — *Lucéite*.

145 — **Favars**, Laissac, Aveyron, France — 21 oct. 1844 — 0,359 *Aumalite*.

146 — **Arva**, Szlanicza, Magura, Hongrie — 1844 — 0,175 — *Ar-*

vaïte.

147 — **Babb's Mill**, Green County, Tennessee — 1844 — 0,055 — *Braunite.*

148 — **Louans**, Le Pressoir, Indre-et-Loire, France — 25 janvier 1845 — 0,101 — *Montréjite.*

149 — **Deniliquin**, Baratta, Nouvelles-Galles du Sud — mai 1845 0,015 — *Tadjérite.*

150 — **Le Teilleul**, La Vivionnière, Manche, France — 14 juillet 1845 — 0,350 — *Howardite.*

151 — **Caryford**, De Kalb C°, Tennessee — 1845 — 0,115 — *Arvaïte.*

152 — **Sevier County**, Tennessee — 1845 — 2,660 — *Arvaïte.*

153 — **Monte-Milone**, Macerata, Tolentino, Italie — 8 mai 1846 — 0,160 — *Aumalite.*

154 — **Cape Girardeau**, Missouri, États-Unis — 14 août 1846 — 0,064 — *Lucéite.*

155 — **Schœnenberg**, Pfaffenhausen, Mindelheim, Bavière, Allemagne — 25 déc. 1846 — 0,041 — *Lucéite.*

156 — **Assam**, Indes anglaises — 1846 — 0,411 — *Canellite.*

157 — **Carthage**, Smith-County, Tennessee — 1846 — 1,550 — *Caillite.*

158 — **Toula**, Netschaewo, Russie — 1846 — 0,746 — *Toulite.*

159 — **Tucson**, Cañada de Hierro, Sonora, Mexique — 1846 — 3,080 — *Tuczonite.*

160 — **Deep Spring**, Rockingham, Caroline du Nord — 1846 — » *Chlorure de fer.*

161 — **Linn-County**, Harford, Iowa-City, Iowa, États-Unis — 25 fév. 1847 — 0,103 — *Lucéite.*

162 — **Braunau**, Hauptmannsdorf, Bohême — 14 juil. 1847 — 0,272 — *Braunite.*

163 — **Chesterville**, Caroline du Sud, États-Unis — 1847 — 0,046 — *Braunite.*

164 — **Murfreesboro**, Rutherford C°, Tennessee, États-Unis — 1847 — 0,120 — *Caillite.*

165 — **Rittersgrün**, Schwazenberg, Saxe — 1847 — 0,142 — *Rittersgrunite.*

166 — **Seelasgen**, Brandebourg, Prusse — 1847 — 0,090 — *Bendégite.*

167 — **Castine**, Hancock C°, Augusta, Maine, États-Unis — 20 mai 1848 — 0,001 — *Lucéite.*

168 — **Montignac**, Marmande, Lot-et-Garonne — 4 juin 1848 —

0,001 — *Montréjite*.

169 — **Ski**, Krogstadt, Akersum, Norvège — 27 déc. 1848 — 0,001
    Lucéite.

170. — **Cabarras**, Monroë, Concorde, Charlotte, Meckenbourg, Ca-
    roline du Nord, États-Unis — 31 oct. 1849 — 0,037 — *Erx-
    lébénite*.

171 — **Kesen**, Iwate, Japon — 13 juin 1850 — 0,060 — *Aumalite*.

172 — **Shalka**, Bissempore, Bancoora, Bengale, Indes — 30 nov.
    1850 — 0,005 — *Shalkite*.

173 — **Ruff's Mountains**, Lexington Cº, Caroline du Sud, États-
    Unis — 1850 — 0,190 — *Caillite*.

174 — **Salt River**, Kentucky, États-Unis — 1850 — 0,034 — *Brau-
    nite*.

175 — **Santa-Rosa**, Coahuila, Mexique — 1850 — 0,013 — *Brau-
    nite*.

176 — **Seneca-Falls**, New-York, États-Unis — 1850 — 0,045 —
    Caillite.

177 — **Gutersloh**, Minden, Westphalie, Allemagne — 17 avril 1851
    0,012 — *Canellite*.

178 — **Nullès** Brafim, Villabella, Tarragona, Barcelone, Catalo-
    gne, Espagne — 5 nov. 1851 — 0,130 — *Chantonnite*.

179 — **Quinçay**, Vienne, France — 1851 — 0,010 — *Laiglite*.

180 — **Ainsa-Tuczon**, Arizona (Signet-iron) — 1851 — 0,068 —
    Caillite.

181 — **Nellore**, Yatoor, Madras, Indes — 23 janv. 1852 — 0,062 —
    Montréjite.

182 — **Mezo-Madaras**, Transylvanie, Autriche — 4 sept. 1852 —
    0,262 — *Parnallite*.

183 — **Busti**, Gorukpore, Fysabad, Indes anglaises — 2 déc. 1852
    — 0,012 — *Bustite*.

184 — **Borkut**, Marmarosch, Hongrie — 13 déc. 1852 — 0,088 —
    Sigénite.

185 — **Mayence**, Hesse, Allemagne — 1852 — 0,040 — *Chanton-
    nite*.

186 — **Turon River**, Nouvelles-Galles du Sud — 1852 — 0,006 —
    Rasgatite.

187 — **Girgenti**, Sicile, Italie — 10 fév. 1853 — 0,367 — *Aumalite*.

188 — **Soojoolee (ou Segowlee)**, Chumparun, Bengale, Indes —
    6 mars 1853 — 0,009 — *Bélajite*.

189 — **Campbell Cº**, Tennessee, États-Unis — 1853 — 0,008 — *Agra-*

mile.

190 — **Lion River**, pays des Namaquois, Afrique australe — 1853 — 0,038 — *Dicksonite.*

191 — **Tazewell**, Knoxville, Nashville, Clayborne C°, Tennessee, États-Unis — 1853 — 0,223 — *Tazewellite.*

192 — **Jewell Hill**, Madison C°, Caroline du Nord, États-Unis — 1854 — 0,079 — *Jewellite.*

193 — **Madoc**, Haut-Canada — 1854 — 0,112 — *Madocite.*

194 — **Octibbeha C°**, Mississipi, États-Unis — 1854 — 0,001 — *Octibbéhite.*

195 — **Putnam**, Géorgie, États-Unis — 1854 — 0,021 — *Dicksonite.*

196 — **Linum**, Fehrbellin, Brandebourg — 1854 — 0,001 — *Lucéite.*

197 — **Sarepta**, Steppe des Kirghiz, Saratow, Russie — 1854 — 0,666 — *Arvaïte.*

198 — **Union County**, Géorgie, États-Unis — 1854 — 0,047 — *Nelsonite.*

199 — **Werchne - Udinsk**, Witim, Niro, Sibérie — 1854 — 0,176 — *Schwetzite.*

200 — **Moustel Pank**, Kaande, île d'Œsel, Livonie, Russie — 11 mai 1855 — 0,004 — *Lucéite.*

201 — **Bremerworde**, Guarrenburg, Hanovre — 13 mai 1855 — 0,020 — *Parnallite.*

202 — **Igast**, Livonie, Russie — 17 mai 1855 — 0,045 — *Mét. douteuse.*

203 — **Saint-Denis-Westrem**, Gand, Belgique — 7 juin 1855 — 0,017 — *Lucéite.*

204 — **Petersburgh**, Licoln C°, Tennessee, États-Unis — 5 août 1855 — 0,013 — *Howardite.*

205 — **Cohahuila**, Bolson de Mapini, Mexique — 1855 — 250,000 — *Coahuilite.*

206 — **Central Missouri**, Missouri, États-Unis — 1855 — 0,012 — *Arvaïte.*

207 — **Oviedo**, Asturies, Espagne — 5 août 1856 — 0,014 — *Lucéite.*

208 — **Trenzano**, Brescia, Piémont, Italie — 12 nov. 1856 — 0,036 — *Sigénite.*

209 — **Denton C°**, Texas, États-Unis — 1856 — 0,007 — *Caillite.*

210 — **Fort Pierre**, Nebraska, Missouri — 1856 — 0,100 — *Caillite.*

211 — **Hainholz**, Paderborn, Minden, Westphalie, Allemagne —

1856 — 0,016 — *Logronite.*

212 — **Marshall C°**, Kentucky, États-Unis — 1856 — 0,171 — *Caillite.*

213 — **Nelson C°**, Kentucky, États-Unis — 1856 — 2,210 — *Nelsonite.*

214 — **Orange River**, Afrique australe — 1856 — 0,021 — *Caillite.*

215 — **Parnallee**, Madras, Indes anglaises — 28 fév. 1857 — 0,350 — *Parnallite.*

216 — **Stawropol**, Caucase, Russie — 24 mars 1857 — 0,019 — *Stawropolite.*

217 — **Hérédia**, San José, Costa Rica — 1er avril 1857 — 0,044 — *Canellite.*

218 — **Kaba**, Debreczin, Hongrie — 15 avril 1857 — 0,001 — *Bokkevellite.*

219 — **Les Ormes**, Joigny, Yonne, France — 4 oct. 1857 — 0,094 — *Lucéite.*

220 — **Ohaba**, Veresegyhaza, Carlsbourg, Blasendorf, Transylvanie — 10 octobre 1857 — 0,170 — *Limerickite.*

221 — **Pégu**, Quenngouck, Burmah, Indes anglaises — 27 déc. 1857 — 0,074 — *Montréjite.*

222 — **Macquaire River**, Australie — 1857 — 0,001 — *Logronite.*

223 — **Miney (ou Mincy)**, Taney C°, Missouri et Newton C°, Arkansas — 1857 — 0,209 — *Logronite.*

224 **Schwetz**, Marienwerder, Prusse — 1857 — 0,061 — *Schwetzite.*

225 **Sprinkbock River**, Colonie du Cap — 1857 — 0,001 — *Fer oxydé indéterminable.*

226 — **Kakowa**, Orawitza, Braschow, Temès, Hongrie — 19 mai 1858 — 0,001 — *Lucéite.*

227 — **Montréjeau**, Ausson, Clarac, Haute-Garonne, France — 9 déc. 1858 — 0,945 — *Montréjite.*

228 — **Murcie**, Molina, Espagne — 24 déc. 1858 — 0,039 — *Chantonnite.*

229 — **Atacama-Bolivie (Fer de Joël)**, Désert d'Atacama — 1858 — 0,005 — *Rasgatite.*

230 — **Nebraska**, États-Unis — 1858 — 0,004 — *Caillite.*

231 — **Rincon de Caparosa**, Guerrero, Mexique — 1858 — 0,016 — *Arvaïte.*

232 — **Yarra-Yarra River**, Victoria, Australie — 1858 — 0,020 —

Météorite oxydée indétermin.

233 — **Harrisson**, Indiana, États-Unis — 26 mars 1859 — 0,010 —
    Montréjite.

234 — **Mexico**, Pampanga, Iles Philippines — 4 avril 1859 — 0,115
    Chantonnite.

235 — **Beuste**, Pau, Basses-Pyrénées, France — mai 1859 — 0,456
    — *Chantonnite.*

236 — **Wooster**, Wayne Cᵒ, Ohio, États-Unis — 1859 — 0,004 —
    Burlingtonite.

237 — **Tombigbee-River**, Shoctaw et Sumter Counties, Alabama
    États-Unis, — 1859 — 0,026 — *Braunite.*

238 — **Alexandrie**, San Giuliano Vecchio, Piémont, Italie —
    2 fév. 1860 — 0,052 — *Chantonnite.*

239 — **New-Concord**, Cambridge, Guernesey Cᵒ, Ohio, États-Unis
    — 1ᵉʳ mai 1860 — 1,005 — *Aumalite.*

240 — **Dhurmsalla**, Lahore, Kangra, Pundjab, Indes anglaises —
    14 juil. 1860 — 0,189 — *Aumalite.*

241 — **Coopertown**, Robertson Cᵒ, Tennessee, États-Unis — 1860
    — 0,194 — *Caillite.*

242 — **Lagrange**, Oldham Cᵒ, Kentucky, États-Unis — 1860 — 0,370
    — *Jewellite.*

243 — **Butsura**, Piprassi, Bulloah, Qutahar-Bazar, Chireya, Go-
    ruckpore, Indes anglaises — 12 mai 1861 — 0,019 — *Bélajite.*

244 — **Vilanova de Sitjes**, Canellas, Catalogne, Espagne —
    14 mai 1861 — 0,148 — *Canellite.*

245 — **Grossnaja**, Mikenskoje, Terek, Caucase, Russie — 28 juin
    1861 — 0,039 — *Renazzite.*

246 — **Klein-Menow**, Furstenberg, Alt-Strelitz, Mecklembourg,
    Allemagne — 7 oct. 1862 — 0,113 — *Erxlébénite.*

247 — **Séville**, Andalousie, Espagne — 1ᵉʳ nov. 1862 — 0,003 —
    Montréjite.

248 — **Kokomo**, Howard Cᵒ, Indiana, États-Unis — 1862 — 0,051 —
    Octibbéhite.

249 — **Sierra de Chaco**, Vaca Muerta, Atacama, Chili — 1862 —
    12,000 — *Logronite.*

250 — **Victoria-West**, Cap de Bonne-Espérance — 1862 — 0,098
    — *Jeknite.*

251 — **Rutlam**, Pulsora, Malwa, Indore, Indes anglaises —
    16 mars 1863 — 0,143 — *Renazzite.*

252 — **Buschoff**, Scheikahr-Stattan, Jacobstadt, Courlande, Rus-

sie — 2 juin 1863 — 0,052 — *Lucéite.*

253 — **Pillistfer**, Fellin, Livonie, Russie — 8 août 1863 — 0,011 — *Erxlébénite.*

254 — **Shytal**, Madhupur, Dacca, Bengale, Indes anglaises — 11 août 1863 — 0,005 — *Chantonnite.*

255 — **Manbhoom**, Cossipore, Pandra, Bengale, Indes anglaises — 22 déc. 1863 — 0,089 — *Banjite.*

256 — **Dacotah**, territoire indien, Etats-Unis — 1863 — 0,103 — *Braunite.*

257 — **Russel-Gulch**, Gilpin Cᵒ, Colorado, États-Unis — 1863 — 0,179 — *Caillite.*

258 — **Saint-François County**, Farmington, Missouri — 1863 — — 0,037 — *Arvaïte*

259 — **Nerft**, Phogel, Swajahn, Courlande, Russie — 12 avril 1864 — 0,628 — *Aumalite.*

260 — **Orgueil**, Castel-Sarrazin, Tarn-et-Garonne, France — 14 mai 1864 — 2,000 — *Ogueillite.*

261 — **Dolgowola**, Luzk, Volhynie, Russie — 26 juin 1864 — 0,100 *Lucéite.*

262 — **Tourines-la-Grosse**, Tirlemont, Belgique — 7 déc. 1864 — 1,300 — *Aumalite.*

263 — **Obernkirchen**, Brückeberg, Schaumburglippe — 1864 — 0,110 — *Jewellite.*

264 — **Mouza-Khoorna**, Bubuowly, Indigo factory, Supuhèe, Goruckpore, Indes anglaises — 19 janv. 1865 — 0,020 — *Mesminite.*

265 — **Claywater**, Vernon Cᵒ, Wisconsin, États-Unis — 26 mars 1865 — 0,066 — *Erxlébénite.*

266 — **Gopalpur**, Jessore, Bagirhat, Bengale, Indes anglaises — 23 mai 1865 — 0,053 — *Montréjite.*

267 — **Shergotty**, Umjhiawar, Behar, Bengale, Indes anglaises — 25 août 1865 — 0,091 — *Shergottite.*

268 — **Aumale**, Senhadja, Constantine, Algérie — 25 août 1865 — 6,718 — *Aumalite.*

269 — **Muddoor**, Taluk, Mysore, Madras, Indes anglaises — 21 sept. 1865 — 0,067 — *Montréjite.*

270 — **Bonanza**, Coahuila, Mexique — 1865 — 0,02 — *fer oxydé iudéterminable.*

271 — **Dellys**, Algérie — 1865 — 0,063 — *Burligntonite.*

272 — **Nejed**, Wadee-Banee-Khaled, Arabie centrale — 1865 — 0,058 — *Bendéjite.*

273 —. Udipi, Canara, Indes anglaises — avril 1866 — 0,051 —
Montréjite.

274 — **Pokra**, Busti, Indes anglaises — 25 mai 1866 — 0.013 —
Sigénite.

275 — **Saint Mesmin**, Aube, France — 30 mai 1866 — 4,200 —
Mesminite.

276 — **Knyahinya**, Unghwar, Hongrie — 9 juin 1866 — 3,900 —
Laiglite.

277 — **Cangas de Onis**, Elgueras, Oviedo, Santander, Espagne —
6 déc. — 1866 — 1,970 — *Mesminite*.

278 —. Bear-Creek, Aeriotopos Colorado, États-Unis — 1866 —
0,039 — *Caillite*.

279 — **Bresil**, (local. indét.) — 1866 — 0,002 -- *Bendégite*.

280 — **Chili** (local. indét.) — 1866 — 0,282 — *Braunite*.

281 — **Deesa**, Santiago, Chili — 1866 — 9,500 — *Deesite*.

282 — **Franklin C°**, Franckfort, Kentucky, États-Unis — 1866 —
0,197 — *Thundite*.

283 — **Juncal**, Pœdernal, Paypote, Cordillière des Andes, Chili —
1866 — 101,210 — *Caillite*.

284 — **Khetree**, Saonlod, Rajpootana, Indes anglaises — 19 janv.
1867 — 0,006 — *Canellite*.

285 — **Tadjéra**, Guidjell, Sétif, Algérie — 9 juin 1867 — 5,760 —
Tadjérite.

286 — **Allen C°**, Scottsville, Kentucky, Etats-Unis — 1867 — 0,050
— *Braunite*.

287 — **Auburn**, Alabama, États-Unis — 1867 — 0,007 — *Braunite*.

288 — **San Francisco del Mezquital**, Durango, Mexique — 1867
— 0,130 — *Rasgatite*.

289 — **Pultusk**, Ostrolenka, Obrytte, Siele, Narew, Pologne, Russie — 30 janv. 1868 — 2,500 — *Chantonnite*.

290 — **Motta Dei Conti**, Novara, Villanova, Casale, Alexandrie,
Piémont, Italie — 29 fév. 1868 — 0,013 — *Montréjite*.

291 — **Daniel's Kuil**, Griqua, Afrique australe — 20 mars 1868 —
0,031 — *Sigénite*.

292 — **Tomhannock Creek**, Rensslaer, New-York, Etats-Unis —
3 avril 1868 — 0,005 — *Logronite*.

293 — **Slavetic**, Agram, Jaska, Croatie — 22 mai 1868 — 0,032 —
Limerickite.

294 — **Pnom-Pehn**, Cambodge, — juin 1868 — 0,041 — *Montréjite*.

295 — **Ornans**, Lavaux, Doubs, France — 4 juil. 1868 — 2,685 — *Ornansite.*

296 — **Sanguis-Saint-Étienne**, Mauléon, B^{ses} Pyrénées, France — 8 sept. 1868 — 0,150 — *Lucéite.*

297 — **Danville**, Alabama, Etats-Unis — 24 nov. 1868 — 0,014 — *Chantonnite.*

298 — **Lodran**, Multan, Indes anglaises — 1er déc. 1868 — 0,036 — *Lodranite.*

299 — **Franckfort**, Tuscumbia, Franklin C^o, Alabama, Etats-Unis — 5 déc. 1868 — 0,009 — *Howardite.*

300 — **Motecka-Nugla**, Ghoardha, Biana, Bhurstpur, Rajpootanah, Indes — 22 déc. 1868 — 0,138 — *Erxlédénite.*

301 — **Coalpara**, Assam, Indes anglaises — 1868 — 0,001 — *Renazzite.*

302 — **Losttown**, Cherokee C^o, Géorgie, Etats-Unis — 1868 — 0,010 — *Lockportite.*

303 — **Namur**, Belgique — 1868 — 0,001 — *Lucéite.*

304 — **Hessle**, Arnö, Haflaviken, Upsal, Suéde — 1er janv. 1869 — 0,191 — *Montréjite.*

305 — **Angra Dos Reis**, Rio de Janeiro, Brésil — 20 janv. 1869 — 0,003 — *Angrite.*

306 — **Itapicuru**, Mirim, Moranha, Brésil — mars 1869 — 0,001 — *Lucéite.*

307 — **Krahenberg**, Bavière, Allemagne — 5 mai 1869 — 0,002 — *Montréjite.*

308 — **Kernouve**, Cleguerec, Vannes, Morbihan, France — 23 mai 1869 — 15,000 — *Erxlébénite.*

309 — **Tjabé**, Bodgo-Negoro Padangun, Java, Indes néerlandaises — 19 sept. 1869 — 0,112 — *Erxlébénite.*

310 — **Yorktown**, New-York, Etats-Unis — sept. 1869 — 0,001 — *Montréjite.*

311 — **Salt-Lake-City**, Echo, Utah, Etats-Unis — 1869 — 0,014 — *Parnallite.*

312 — **Shingle Springs**, El Dorado C^o, Californie, Etats-Unis — 1869 — 0,070 — *Shinglite.*

313 — **Staunton**, Augusta, Virginie, États-Unis — 1869 — 1,800 — *Caillite.*

314 — **Trenton**, Milwaukee, Washington C^o, Wisconsin, États-Unis — 1869 — 0,600 — *Caillite.*

315 — **Caperr**, Chebat, Senger, Patagonie — 1869 — 0,033 — *Cail-

lite.

316 — **Werchnednieprowsk**, Ekaterinoslaw, Russie — 1869 — 0,097 — *Tazewellite.*

317 — **Nedagolla**, Iniranhi, Vizapatám, Indes anglaises — 23 janv. 1870 — 0,006 — *Nedagollite.*

318 — **Laborel**, Drôme, France — 14 juin 1870 — 0,037 — *Montréjite.*

319 — **Ibrembuhren**, Westphalie — 17 juin 1870 — 0,002 — *Lucéite.*

320 — **Cabezzo de Mayo**, Rancho de la Pila, Juncal, Murcie, Espagne — 18 août 1870 — 0,076 — *Lucéite.*

321 — **Mac Kinney**, Collen Cº, Texas, États-Unis — 1870 — 0,629 *Tadjérite.*

322 — **Searsmont**, Waldo Cº, Maine, États-Unis — 21 mai 1871 — 0,022 — *Montréjite.*

323 — **Bandong**, Java, Indes néerlandaises — 10 déc. 1871 — 2,000 — *Mesminite.*

324 — **Bacubirito**, Sinaloa, Mexique — 1871 — 0,017 — *Tazewellite.*

325 — **Roda**, Huesca, Aragon, Espagne — 1871 — 0,125 — *Shalkite.*

326 — **Pnom-Penh**, Cambodge — 1871 — 0,023 — *Montréjite.*

327 — **Tennasilm**, Sikkensaare, Esthonie, Russie — 28 juin 1872 — 0,044 — *Limerickite.*

328 — **Authon**, Lancé, Pont-Loiselle, Prunay, Loire-et-Cher — 23 juil. 1872 — 0,628 — *Stawropolite.*

329 — **Soko-Banja**, Serbie — 13 oct. 1872 — 1,850 — *Banjite.*

330 — **Orvinio**, Canemorto, Rome, Italie — 31 oct. 1872 — 0,107 — *Tadjérite.*

331 — **Nenntmannsdorf**, Pirna, Saxe — 1872 — 0,009 — *Braunite.*

332 — **Waconda**, Mitchell Cº, Kansas, États-Unis — 1872 — 0,120 — *Lucéite.*

333 — **Santa-Apoala**, Coixtlalamaca, Mexique — 1872 — 0,013 — *Sidérite.*

334 — **Jhung**, Talwãre, Dhuin, Mahamad, Pundjab, Indes anglaises — juin 1873 — 0,102 — *Montréjite.*

335 — **Khairpur**, Bhaawalpur, Multan, Rajpootanah, Indes — 23 sept. 1873 — 0,002 — *Lrxlébénite.*

336 — **Santa Barbara**, Mexique, 26 sept. 1873 — 0,002 — *Montré-*

jite.

337 — **Ssyromolotowo**, Kechma, Angara, Sibérie orientale — 1873 — 0,001 — *Caillite.*

338 — **Tirnowo**, Roumélie, Turquie — 1873 — 0,130 — *Mesminite.*

339 — **Sevrukowo**, Bortschewski, Belgorod, Koursk, Russie — 12 mai 1874 — 0,310 — *Tadjérite.*

340 — **Castallia**, Nash C°, Missouri, Caroline du Nord, États-Unis — 14 mai 1874 — 0,021 — *Canellite.*

341 — **Virba**, Vidin, Turquie — 20 mai 1874 — 0,041 — *Lucéite.*

342 — **Kerillis**, Maël-Pestivien, Callac, Côtes-du-Nord — 26 nov. 1874 — 4,130 — *Canellite.*

343 — **Butler**, Bâtes C°, Missouri, États-Unis — 1874 — 3,268 — *Jeknite.*

344 — **Cachiuyal**, Atacama, Bolivie — 1874 — 0,325 — *Caillite.*

345 — **Mejillonès**, Atacama, Bolivie — 1874 — 0,135 — *Méjillonite.*

346 — **Amana Iowa-Township**, Homestead, West-Liberty, Sherlock, Iowa C°, Iowa, Etats-Unis — 12 fév. 1875 — 4,650 — *Limerickite.*

347 — **Sitathali**, Nurrah, Raepur, Rajpootanah, Indes anglaises — 4 mars 1875 — 0,046 — *Montréjite.*

348 — **Zsadany**, Temès, Hongrie — 31 mars 1875 — 0,012 — *Montréjite.*

349 — **Feid Chair**, La Calle, Algérie — 16 août 1875 — 0,025 — *Canellite.*

350 — **Mornans**, Bourdeaux, Drôme — sept. 1875 — 0,040 — *Aumalite.*

351 — **Bates C°**, Butler, Missouri — 1875 — 3,760 — *Jeknite.*

352 — **Canyon-City**, Mount Editha, Australie — 1875 — 0,013 — *Caillite.*

353 — **Judesgherry**, Taluk, Tumbuk, Mysore, Indes anglaises — 16 fév. 1876 — 0,035 — *Montréjite.*

354 — **Rowton**, Wellington, Shropshire, Angleterre — 20 avril 1876 — 0,002 — *Braunite.*

355 — **Vavilovka**, Cherson, Russie — 7 Juin 1876 — 0,008 — *Mesminite.*

356 — **Stalldalen**, Nya, Koppeberget, Suède — 28 juin 1876 — 1,198 — *Chantonnite.*

357 — **Rochester**, Fulton C°, Indiana, Etats-Unis — 21 déc. 1876 — 0,004 — *Montréjite.*

358 — Sainte-Catherine, San Francisco do Sul, Minas Geraes, Brésil — 1876 — 5,105 — *Catarinite.*

359 — Sacremento M^ts, Baager, Eddy C°, Nouveau Mexique, Etats-Unis — 1876 — 1,626 — *Caillite.*

360 — Warrenton, Missouri, Etats-Unis — 1er janv. 1877 — 0,143 — *Ornansite.*

361 — Cynthiana, Robinson Station, Harrison C°, Kentucky, Etats-Unis — 23 janv. 1877 — 0,703 — *Parnallite.*

362 — Hungen, Hesse, Allemagne — 17 mai 1877 — 0,002 — *Chantonnite.*

363 — Ouodzé (Yodze), Poneviej, Kosno, Russie — 5 juin 1877 — 0,001 — *Howardite.*

364 — Mern, Prustö, Danemark — 27 août 1877 — 0,038 — *Montréjite.*

365 — Cronstadt, River Orange, Afrique australe — 19 nov. 1877 — 0,011 — *Chantonnite.*

366 — Morristown, Hablen C°, Tennessee — 1877 — 0,405 — *Logronite.*

367 — Casey C°, Kentucky, Etats-Unis — 1877 — 0,081 — *Bendégite.*

368 — Caracolès, Imilac, Atacama — 1877 — 0,042 — *Atacamaïte.*

369 — Dalton, Whitfield C°, Géorgie — 1877 — 0,090 — *Caillite.*

370 — Poplar Camp, Cranbury-Plains, Virginia, Etats-Unis — 1877 — 0,016 — *Lockportite.*

371 — Tieschitz, Prerau, Moravie — 15 juil. 1878 — 0,034 — *Tieschite.*

372 — Dandapur, Goruckpur, Indes anglaises — 5 sept. 1878 — 0,295 — *Lucéite.*

373 — Rakowka, Toula, Russie — 8 nov. 1878 — 0,103 — *Aumalite.*

374 — Bluff, La Grange, Fayette C°, Texas, Etats-Unis — 1878 — 0,325 — *Erxlébénite.*

375 — Janacera, Jasquera, Atacama — 1878 — 0,002 — *Logronite.*

376 — Tombigbee River, Choctau C°, Alabama, Etats-Unis — 1878 — 0,026 — *Braunite.*

377 — La Bécasse, Dun-le-Poëlier, Indre, France — 31 janv. 1879 — 2,580 — *Lucéite.*

378 — Estherville, Emmet C°, Iowa, Etats-Unis — 10 mai 1879 — 50,000 — *Esthervillite.*

379 — **Gnadenfrei**, Shobergrund, Silésie prussienne — 17 mai 1879
— 0,002 — *Montréjite.*

380 — **Bramudor**, Garganitello, Tulisca, Mexique — sept. 1879 —
0,010 — *Montréjite.*

381 — **Campo Del Pucara**, Catamarca, Prov. de Riora, République Argentine — 1879 — 0,00 8 — *Braunite.*

382 — **Lick-creek**, Davidson C°, Caroline du Nord, Etats-Unis —
1879 — 0,041 — *Braunite.*

383 — **Véramine**, Karand, Zérin, Thegeran, Perse — février 1880
— 0,080 — *Logronite.*

384 — **Nagaya**, Conception, Entre Rios, République Argentine —
30 juin 1880 — 0,210 — *Bokkevellite.*

385 — **Eagle-Station**, Carroll C°, Kentucky, Etats-Unis — 1880 —
2,280 — *Pallasite.*

386 — **Ivanpah**, San Bernardino, Californie, Etats-Unis — 1880 —
0,002 — *Caillite.*

387 — **Lexington County**, Caroline du Sud, Etats-Unis — 1880
— 0,007 — *Bendégite.*

388 — **Colfax**, Rutherford C°, Caroline du Nord — 1880 — 0,022
— *Schwetzite.*

389 — **Casa Grande**, Chihuahua, Mexique — 1880 — 0,425 —
Braunite.

390 — **Middlesborough**, Pennyman's Siding, Yorkshire, Angleterre — 14 mars 1881 — 0,001 — *Lucéite.*

391 — **Pacula**, Jacula, Hidalgo, Mexique — 18 juin 1881 — 0,064
— *Chantonnite.*

392 — **Grossliebenthal**, Odessa, Cherson, Russie — 19 nov. 1881
— 0,067 — *Lucéite.*

393 — **Costila Peak**, Nouveau Mexique — 1881 — 0,350 — *Caillite.*

394 — **Admire**, Lion C°, Kansas — 1881 — 0,139 — *Rittersgrunite.*

395 — **Mocs**, Gynlatelke, Visa, Palatka, Klausenbourg, Kolos,
Transylvanie — 3 fév. 1882 — 0,620 — *Chantonnite.*

396 — **El Perdito**, Bahia-Blanca, Républiqne Argentine — 1882
— (alterée; indéterminable).

397 — **Pavlowka**, Karaï, Balachow, Saratow, Russie — 2 août
1882 — 0,122 — *Howardite.*

398 — **Estacado**, Hale Ceuter, Hale C°, Texas, Etats-Unis — 1882
— 0,430 — *Erxlebénite.*

399 — **Fort-Duncan**, Maverick C°, Rio Grande, Texas, Etats-Unis
— 1882 — 0,610 — *Braunite.*

400 — **Hex-River**, Cap de Bonne Espérance — 1882 — 0,288 — *Braunite.*

401 — **Saint-Caprais-De-Quinsac**, Gironde, France — 28 janv. 1883 — 0,140 — *Limerckite.*

402 — **Alfianello**, Brescia, Italie — 16 fév. 1883 — 0,978 — *Lucéite.*

403 — **Urba**, Belgradjick, Turquie — 2 juin 1883 — 0,100 — *Lucéite.*

404 — **Ngawie**, Djogororo, Java, Indes néerlandaises — 3 oct. 1883 — 0,001 — *Canellite.*

405 — **Adalia**, Konia, Asie Mineure — 1883 — 0,003 — *Eukrite.*

406 — **Alep**, Syrie, Asie Mineure — 1883 — 0,028 — *Lucéite.*

407 — **Grand Rapid**, Walker-Township, Michigran, Etats-Unis — 1883 — 0,022 — *Jevellite.*

408 — **Old Fork of Jenny's Creek**, Wayne C°, Virginie, Etats-Unis — 1883 — 0,010 — *Fer oxydé indéterminable.*

409 — **Pseudo Mejillonès**, Atacama, Bolivie — 1883 (?) — 0,007 — *Logronite.*

410 — **Sao Juliao de Moreira**, Minho, Portugal — 1883 — 0,424 — *Nelsonite.*

411 — **Pirthala**, Hissar, Pundjab, Indes anglaises — 19 fév. 1884 — 0,004 — *Canellite.*

412 — **Djati-Pengilon**, Alastoewa, Java — 19 mars 1884 — 0,486 — *Erxlébénite.*

413 — **Midt Vaage**, Bergen, île de Tysne, Norwège — 20 mai 1884 — 0,028 — *Parnallite.*

414 — **Joe Wright**, Batesville, Indépendance C°, Arkansas, Etats-Unis — juin 1884 — 0,096 — *Caillite.*

415 — **Guorietta Mountains**, Santa Fé, Nouveau Mexique — 1884 — 9,900 — *Caillite.*

416 — **Merceditas**, Chili — 1884 — 0,220 — *Caillite.*

417 — **Penkarring Rock**, Youndegin, York, Australie — 1884 — 0,343 — *Arvaïte.*

418 — **Puquios**, Chili — 1884 — 0,048 — *Caillite.*

419 — **Plymouth**, Marshall C°, Indiana — 1884 — 0,051 — *Braunite.*

420 — **Hammond**, Sainte-Croix, Wisconsin — 1884 — 0,240 — *Dicksonite.*

421 — **Kansada**, Kansas — 1884 — 0,196 — *Lucéite.*

422 — **Chandpur**, Mainpuri, Indes Anglaises — 6 avril 1885 — 0,104 — *Lucéite.*

423 — **Grazac**, Montpélégry, Tarn — 10 août 1885 — 0,012 — *Douteuse.*

424 — **Lucky-Hill**, Jamaïque — 1885 — 0,001 — *Fer oxydé indéterminable.*

425 — **Pavlodar**, Samischewa, Semipalatinsk, Irtysch, Sibérie — 1885 — 0,093 — *Pallasite.*

426 — **Trinity County**, Californie, Etats-Unis — 1885 — 0,002 — *Chantonnite.*

427 — **Jamestown**, Stutsman C°, Dacotah, Etats-Unis — 1885 — 0,153 — *Jewellite.*

428 — **Nammianthul**, Madras, Indes anglaises — 27 janvier 1886 0,885 — *Lucéite.*

429 — **Assisi**, Torre, Perugia, Italie — 24 fév. 1886 — 0,090 — *Montréjite.*

430 — **Nowo-Uréi**, Alatyr, Krasnoslobodsk, Penza, Russie — 4 sept. 1886 — 0,036 — *Ureilite.*

431 — **Oynchimura**, Maèmé, Kitaisa, Satsuma, Japon — 29 oct. 1886 — 0,037 — *Aumalite.*

432 — **Brenham-Township**, Kiowa C°, Kansas — 1886 — 1,148 — *Kiowite.*

433 — **Cleveland**, Tennessee, Etats-Unis — 1886 — 0,011 — *Caillite.*

434 — **Laurens County**, Caroline du Sud, Etats-Unis — 1886 — 0,038 — *Carltonite.*

435 — **Thunda**, Windorah, Queensland, Australie — 1886 — 0,223 — *Thundite.*

436 — **Tonganoxie**, Leavenwerth C°, Kansas, Etats-Unis — 1886 — 0,020 — *Caillite.*

437 — **Bielokrysnitchie**, Zasland, Volhynie, Russie — 1er janv. 1887 — 0,033 — *Tadjérite.*

438 — **Lalitpur**, Jharasta, Nyagong, Indes anglaises — 7 avril 1887 — 0,022 — *Chantonnite.*

439 — **Taborg**, Ochansk, Kama, Perm, Russie — 30 août 1887 — 1,120 — *Canellite.*

440 — **Phu-Hong**, Binh-Chank, Cochinchine — 22 sept. 1887 — 0,365 — *Limerickite.*

441 — **Carlton**, Hamilton C°, Texas, Etats-Unis — 1887 — 0,249 — *Carltonite.*

442 — **Holland-Store**, Chatooga, Whitfield C°, Géorgia, Etats-Unis — 1887 — 0,030 — *Mejillonite.*

443 — **Kendall**, San Antonio, Texas, Etats-Unis — 1887 — 0,270 —

Kendallite.

444 — **Minas Geraes**, Brésil — 1887 — 0,005 — *Lucéite.*

445 — **Mount-Joy**, Adams C°, Pennsylvanie, Etats-Unis — 1887 — 0,490 — *Kendallite.*

446 — **Pipe Creek**, Brandera C°, Texas, Etats-Unis — 1887 — 0,115 — *Erxlébénite.*

447 — **Powder-Mill-Creek**, Rockwood Furnace, Crab-Orchard, Roane C°, Tennessee, Etats-Unis — 1887 — 0,040 — *Logronite.*

448 — **San-Émigdio-Range**, San Bernardino C°, Californie, Etats-Unis — 1887 — 0,005 — *Bélagite.*

449 — **Kokstadt**, Griqualand, Afrique australe — 1887 — 0,049 — *Bendégite.*

450 — **San Pedro Sprigns**, San Antonio, Texas, Etats-Unis — 1887 — 0,008 — *Lucéite.*

451 — **Waldron Ridge**, Tazewell C°, Tennesse, Etats-Unis — 1887 — 0,067 — *Arvaïte.*

452 — **Indian Vallée**, (?) U.S.A — 1887 — 0,056 — *Sidérite.*

453 — **Thomson**, Mac-Duffie C°, Georgie, Etats-Unis — 15 oct. 1888 — *Montréjite.*

454 — **Lonaconing**, Garret C°, Etats-Unis — 1888 — 0,067 — *Fer.*

455 — **Cowra**, Nᵉˡˡᵉ Galles du Sud — 1888 — 0.077 — *Siderite à déterminer.*

456 — **La-Bella-Roca**, Durango, Mexique — déc. 1888 — 0,116 — *Rocite.*

457 — **Bisch-Tjube**, Nicolaew, Tourgaï, Russie — 1888 — 0,045 — *Bendégite.*

458 — **Dona Inez**, Atacama, Chili — 1888 — 0,080 — *Inésite.*

459 — **Haniet-el-Beguel**, Ghardïa, M'Zab, Algérie — 1888 — 1,989 — *Caillite.*

460 — **Llano del Inca**, Chili — 1888 — 0,015 — *Inésite.*

461 — **Sainte Geneviève** C°, Missouri, Etats-Unis — 1888 — 0,322 — *Caillite.*

462 — **Lundsaur**, Ostra-Lungby, Scanie, Suède — 3 avril 1889 — 0,104 — *Aumalite.*

463 — **Mighei**, Olviopol, Elisawetgrad, Cherson, Russie — 9 juin 1889 — 0,067 — *Bokkewellite.*

464 — **Ergheo**, Côte des Somalis, Afrique — juillet 1889 — 0,017 — *Tadjérite.*

465 — **Jélica**, Cadak, Serbie — 1ᵉʳ déc. 1889 — 1,050 — *Banjite.*

466 — **Gilgoin Station**, Nouvelles Galles du Sud — 1889 — 0,194

— *Erxlébénite*.

467 — **Hassi-Iékna**, Oued Meguiden, El-Golea, Sahara Algérien —
1889 — 1,250 — *Iéknite*.

468 — **Kenton**, Indépendance C°, Kentucky, Etats-Unis — 1889 —
0,567 — *Caillite*.

469 — **Collescipoli**, Antifona, Terni, Italie — 3 mars 1890 —
0,043 — *Limerickite*.

470 — **Forest-City**, Winnebago C°, Iowa, Etats-Unis — 2 mai 1890
— 0,038 — *Chantonnite*.

471 — **Farmington**, Washington C°, Kansas, Etats-Unis — 25 juin
1890 — 0,320 — *Bokkewellite*.

472 — **S¹ Germain du Pinel**, Vitre, Ille-et-Vilaine — 1890 — 0,149
— *Montréjite*.

473 — **Franceville**, El Paso C°, Colorado, Etats-Unis — 1890 —
0,030 — *Schwetzite*.

474 — **Nawapali**, Sambapur, Indes — 1890 — 0,007 — *Tadjérite*.

475 — **Indarkh**, Choupka, Elisabethpol, Transcaucasie — 9 avril
1891 — 0,002 — *Stawropolite*.

476 — **Misshoff**, Baldsohn Courlande, Russie — 10 avril 1891 —
0,037 — *Montréjite*.

477 — **Canyon Dîablo**, Arizona, Etats-Unis — 1891 — 17,508 —
Arvaïte.

478 — **Long Island**, Phillip C°, Kansas, Etats-Unis — 1891 — 0,481
Erxlébénite.

479 — **Ternera**, (Sierra de) Chili — 1891 — 0,002 — *Braunite*.

480 — **Toubil**, Minoussinsk, Artinsk, Sibérie — 1891 — 0,768 —
Caillite.

481 — **Kingston**, Sierra Country, Nouveau Mexique U. S. A. —
1891 — 0,050 — *Sidérite (Kingstonite?)*.

482 — **Cross-Road**, Wilson C°, Caroline du Nord, Etats-Unis —
24 mai 1892 — 0,002 — *Chantonnite*.

483 — **Guarena**, Badajoz, Espagne — 20 juillet 1892 — 0,001 —
Erxlébénite.

484 — **Williamstown**, Kentucky — 25 août 1892 — 0,005 — *Caillite*.

485 — **Bath**, Aberdeen, Dacotah, États-Unis — 27 août 1892 —
0,047 — *Limerickite*.

486 — **Augustinowka**, Ekaterinoslaw, Russie — 1892 — 0,043 —
Caillite.

487 — **Williamstown**, Kentucky, États-Unis — 1892 — 0,005 —

Caillite.

488 — **Roebourne**, Australie — 1892 — 3, 227 — *Caillite.*

489 — **Mount Stirling**, York, West Australia — tr. 1892 — 0, 012 *Arvaïte.*

490 — **Augustinovska**, Ekatherinovska, Russie — tr. 1892 —0, 012 — *Caillite.*

491 — **Pricetown**, Highland Cᵒ, Ohio, États-Unis — 13 fév. 1893 — 0, 053 — *Lucéite.*

492 — **Zabrodjé**, Wilna, Russie — 10 sept. 1893 — 0, 005 — *Lucéite.*

493 — **Beaver-Creek**, West-Kootenai, Colombie anglaise — 26 mai 1893 — 0, 264 — *Sigénite.*

494 — **Decatur**, Prairie Dog Creek, Kansas, États-Unis — 1893 — 0, 009 — *Montréjite.*

495 — **Ballinoo**, Murchinson River, Australie — 1893 — 0, 599 — *Carltonite.*

496 — **El Capitan Range**, Bonito, Lincoln Cᵒ, Nouveau Mexique — 1893 — 0,013 — *Caillite.*

497 — **Marengo**, Iowa, États-Unis — 27 mars 1894 — 0, 005 — *Erxlébénite.*

498 — **Fisher**, Polk Cᵒ, Minnesota, Etats-Unis — 9 avril 1894 — — *Aumalite.*

499 — **Bori**, Badnur, Betul, Indes anglaises, 9 mai 1894 — 0, 642 — *Aumalite.*

500 — **Savchenskoje**, Tiraspol, Kherzon, Russie — 27 juillet 1894 — 0, 003 — *Montréjite.*

501 — **Arlington**, Sibley Cᵒ, Minnesota — 1894 — 0, 016 — *Caillite.*

502 — **Oroville**, Bute Cᵒ, Californie, États-Unis — 1894 — 0, 065 — *Caillite.*

503 — **Jeroigne**, Sukovy River, Gove Court, Kansas U. S. A. — tr. 1894 — 0, 050 — *Laiglite.*

504 — **Bishunpur**, Mirzapur, Indes anglaises — 26 avril 1895 — 0, 054 — *Parnallite.*

505 — **Ambapur-Sikandra**, Rao-Jalisil, Aligarli, Indes anglaises 27 mai 1895 — 0, 217 — *Sigénite.*

506 — **Oakley**, Logan Cᵒ, Kansas — print. 1895 — 0, 300 — *Tadjérite.*

507 — **Thurlow**, Ontario, Canada — 1895 — 0, 002 — *Rocite.*

508 — **Nocolèche**, Nouvelles Galles du Sud — 1895 — 0, 007 — *Caillite.*

509 — **Madrid**, Vallecas, Guadalajara, Espagne — 10 fév. 1896 —

0,003 — *Chantonnite.*

510 — **Magdalena**, Luis Lopez, Mont Socoro, Nouveau Mexique, Etats-Unis — 1896 — 0,022 — *Madocite.*

511 — **Mungindi**, Queensland, Australie — 1896 — 0,419 — *Carltonite.*

512 — **Leews**, Namur, Belgique — 13 avril 1897 — 0,011 — *Lucéite.*

513 — **Lançon**, Bouches-du-Rhône — 20 juin 1897 — 0,707 — *Chantonnite.*

514 — **Zavid**, Bosnie — 1ᵉʳ àoût 1897 — 0,179 — *Aumalite.*

515 — **Illinois Gulch**, Lodge C°, Montana, États-Unis — août 1897 — 0,90 — *Nedayollite.*

316 — **Ghambat**, Khairpur, Sind, Indes anglaises — 15 sept. 1897 — 0,556 — *Erxlébénite.*

517 — **Rosario**, Honduras, Amérique centrale — 1897 — 0,001 — *Bendégite.*

518 — **Beaconsfield** (Cranbonne), Kirspiel, Berwick Mornington C°, Victoria, Australie — 1897 — 0,684 — *Arvaïte.*

519 — **San Angelo**, Texas, États-Unis — 1897 — 0,436 — *Caillite* (¹).

520 — **Salm Town**, Texas, États-Unis — 15 nov. 1898 — 0,016 — *Erxlébénite.*

521 — **Tarispe**, Sonora, Mexique — 1898 — 0,042 — *Bendégite.*

522 — **Kodaikanal**, Palni Hills, Madura, Madras, Indes anglaises — 1898 — 0,770 — *Déesite.*

523 — **Kissy**, Tchistopol, Perm, Russie — 1899 — 0,017 — *Montréjite.*

524 — **Bjurbôle** (Biéberlé), près Borgo, Finlande, Russie — 12 mars 1899 — 0,102 — *Montréjite.*

525 — **Ness County**, Kansas, États-Unis — print. 1899 — 0,128 — *Lucéite.*

526 — **Allegan**, Michigan, États-Unis — 10 juil. 1899 — 0,370 — *Montréjite.*

527 — **Surprise-Springs**, San Bernardino C°, Californie, États-Unis — 1899 — 0,115 — *Bendégite.*

528 — **Félix**, Perry C°, Alabama, États-Unis — mai 1900 — 0,184 — *Stawropolite?*

529 — **N'Goureyma**, Macina, Soudan — 15 Juin 1900 — 0,650 —

(¹) Variété décrite sous le nom d'*Angélite.*

Rasgatite.

530 — **Costal de Garraf**, Barcelone, Espagne — trouvée en 1900 — 0,009 — *Aumalite.*

531 — **Indio Rico**, Partido de Pringles, Buenos-Ayres, Argentine — 1900 — 0,006 — *Erxlébénite.*

532 — **Sindhri**, Khipro, Juluka, Shar Parkar, Bombay, Indes — 10 juin 1901 — 0,940 — *Montréjite.*

533 — **Hevitis**, Finlande — 21 octobre 1901 — *Erxlébénite.*

534 — **Chervettaz**, Chatillens, Palézieux, Vaud, Suisse — 30 nov. 1901 — 0,010 — *Aumalite.*

535 — **Guatemala**, Amérique centrale — 1901 — 0,080 — *Schwetzite.*

536 — **Rhine-Villa**, Australie méridionale — 1901 — 0,172 — *Schwetzite.*

537 — **Hendersonville**, Caroline du Nord — 1901 — 0,081 — *Tadjérite.*

538 — **Delegate-Vellesley** Cᵒ, Nouvelles Galles du Sud — tr. 1902 — 0,167 — *Caillite.*

539 — **Mount-Brown**, Nouvelles Galles du Sud — 17 juil. 1902 — — 0,025 — *Aumalite.*

540 — **Finmarken**, Suède — sep. 1902 — 0,168 — *Pallasite.*

541 — **Willamette**, Orégon, États-Unis — automne 1902 — 0,340 — *Nelsonite.*

542 — **Bath Furnace**, Bath Cᵒ, Kentucky, États-Unis — 15 déc. 1902 — 0,099 — *Aumalite.*

543 — **Mount Dyrring**, Nouvelles Galles du Sud — 1902 — 0,300 — *Pallasite.*

544 — **Mukeropp**, Behann, Gibeon, Namagnaland — 1902 — 2,610 — *Bendégite.*

545 — **Limerzel**, Rochefort en Terre, Morbihan — 30 juin 1903 — 0,100 — *Tadjérite.*

546 — **Uberaba**, Dores do Campo Formoso, Brésil — 1903 — 0,300 . . . .

547 — **Puerta de Aranca**, Rioja, Rép. Argentine — 1904 — 0,065 — *Caillite.*

548 — **Karth**, Jhalawan, Baloutchistan — 27 avril 1905 — 0,129 . .

549 — **Muonionalusta**, Suède — tr. 1906 — 0,113 — *Caillite.*

550 — **Leighton**, Colbert Cᵒ, Alabama, États-Unis — 21 Janv. 1907 — *Parnallite.*

551 — **Shrewsbury**, Yorck Cᵒ, Pensylvanie, États-Unis — tr. 1907

Fer . . . .

552 — **Chainpur**, Azam gare, United Provinces, Indes — 1907 —
0,086.

553 — **Goamus**, Gibeon, Afrique australe — 1908 — 1,057 — *Fer*.

554 — **Vigarano Piève**, Ferrare, Italie — 1910 — 0,134 — *Renazzite*.

555 — **Bridje, Water Station**, Biorke C°, Caroline Nord —1910 —
0,063 — *Caillite*.

556 — **Hermitage Plains**, Nouvelles Galles du Sud — 1910 — 0,100
Mesminite.

557 — **Khoban**, Randa, United Provinces, Indes — 19 sept. 1910 —
0,97 . . . .

558 — **Cullison**, Kansas, États-Unis — tr. 1911 — 0,053 — *Erxlébénite*.

559 —**El Nakla**, El Bahara, Alexandrie Egypte — 20 juin 1911 —
0,293 — *Nacklite*.

560 — **Calby**, Wisconsin, Etats-Unis — 4 Juil. 1911 — *Buslite*.

561 — **Molong**, Ashbernham C°, N^elles Galles du Sud — 1912 —
0,542 — *Pallasite*.

562 — **Hobrook**, Artec, Navajo C°, Arizona, Etat-Unis — 14 juil.
1912 — 0,069 — *Lucéite*.

563 — **Ahumada**, Mexique — tr. 1912 — 0,066 — *Brahinite*.

564 — **Mount Edith**, Australie — tr. 1914 — 0,129 — *Caillite*.

565 — **Ketchki**, Belopolje, Kharkoff, Russie — 27 mars 1914 —
0,013 — *Montréjite*.

566 **Kulhpurdan**, Ponnant, Talug, Malabar — 10 avril. 1914 —
0,172 — *Aumalite*.

567 — **Saint-Sauveur**, Fronton, Toulouse, H^te Garonne — 10 juil.
1914 — *Tadjérite*.

568 — **Richardton**, N.D. Etats-Unis — 30 juin 1918.

569 — **Cumberland**, Fralls, Kentucky, Etats-Unis — 9 avril 1919 —
0,172 — *Parnallite*.

570 — **Bar-Itacaba**, Côtes des Somalis, Afriq: N. — 1er nov. 1919 —
0,648 — *Aumalite*.

www.ingramcontent.com/pod-product-compliance
Ingram Content Group UK Ltd.
Pitfield, Milton Keynes, MK11 3LW, UK
UKHW022211070726
13613UKWH00004B/1589